Margarit Artemyan

Importância da atividade rural não agrícola no desenvolvimento

Margarit Artemyan

Importância da atividade rural não agrícola no desenvolvimento

O caso de Tavush, República da Arménia

ScienciaScripts

Imprint

Cover image: www.ingimage.com

This book is a translation from the original published under ISBN 978-3-659-83040-2.

Publisher:
Sciencia Scripts
is a trademark of
Dodo Books Indian Ocean Ltd. and OmniScriptum S.R.L publishing group

120 High Road, East Finchley, London, N2 9ED, United Kingdom
Str. Armeneasca 28/1, office 1, Chisinau MD-2012, Republic of Moldova, Europe
Printed at: see last page
ISBN: 978-620-8-21570-5

Índice:

Capítulo 1 5

Capítulo 2 20

Capítulo 3 24

Capítulo 4 35

AGRADECIMENTOS

Gostaria de expressar o meu mais profundo agradecimento à minha orientadora, a Dra. Arpie Balian, pela sua tolerância, inspiração, ajuda e paixão que me inspira sempre que falo com ela. Ofereceu a sua ajuda e apoio durante a redação do meu trabalho de fim de curso. Os enormes conhecimentos e competências que partilhou comigo levaram-me a realizar a minha tese com êxito. Sem a sua inspiração, ajuda e paixão, teria sido difícil chegar a esta fase final dos meus estudos de mestrado.

Introdução

Ao longo da última década, os debates sobre o desenvolvimento centraram-se na importância do crescimento da economia rural para reduzir a pobreza rural e o significativo fosso rural-urbano na maioria dos países em desenvolvimento. Esta questão assumiu maior importância para algumas economias em transição das antigas repúblicas soviéticas. Analisando casos específicos, analistas e profissionais sublinharam a importância de diversificar a economia das comunidades rurais, explicando que deve ser dada atenção a áreas de crescimento para além da agricultura. Neste sentido, Csaki e Lerman (2000) argumentam que os projectos de melhoria das infra-estruturas, as actividades económicas relacionadas com a produção e a prestação de serviços sociais, entre outras actividades, são de importância mensurável para o crescimento da atividade não agrícola.

Na literatura, há provas de que, nos países em desenvolvimento, a esmagadora maioria das famílias rurais retira uma parte mensurável do rendimento familiar de actividades não agrícolas. Outras referências a actividades não agrícolas incluem o comércio, o agro-processamento, a indústria transformadora e os serviços (Wiggins e Hazell 2011). Além disso, ao estudar as actividades rurais não agrícolas, os investigadores não devem ver todas as actividades não agrícolas usando uma única lente homogénea, mas sim usar várias lentes para incluir pequenas e médias empresas, empreendimentos comerciais, serviços, etc. O presente documento define as actividades rurais não agrícolas não apenas como trabalhos baseados em actividades, mas também como emprego em contextos institucionais (escolas, funcionários públicos, hospitais, etc.).

Durante as últimas décadas, os estudos de desenvolvimento trouxeram provas suficientes de que a economia rural não está limitada e restrita apenas à agricultura. Esta evidência pode ser explicada pelo facto de o número de famílias pobres nas comunidades rurais ultrapassar a capacidade da agricultura para oferecer um desenvolvimento sustentável e as oportunidades necessárias nas comunidades rurais (Bezemer e Davis, 2004). Em muitas aldeias rurais de Tavush Marz, a agricultura, por si só, não consegue sustentar os meios de subsistência das famílias residentes. Na literatura analisada, os autores sublinham muitos factores que limitam a capacidade da agricultura para desenvolver a economia rural. Esses factores incluem os níveis relativamente baixos de investimento por parte dos governos, a falta de informação, o crescimento da população, o progresso lento na utilização de tecnologias aplicáveis, etc. As opções oferecidas por académicos e profissionais residem na mudança para actividades não agrícolas que apoiam os meios de subsistência e também contribuem para os avanços na agricultura.

Capítulo 1

Definição de economia não agrícola

A economia rural não agrícola (ERNF) é definida como as actividades económicas nas comunidades rurais que geram rendimentos a partir de fontes que não são agrícolas (Lanjouw 1999; Davis e Pearce 2000; Haggblade et al. 2010; Wiggins e Hazell 2011). Como mencionado anteriormente, os EFRN podem incluir a indústria transformadora, a exploração mineira, a construção, os transportes, o comércio, o agro-processamento, etc. Assim, as economias rurais não agrícolas compreendem uma grande variedade de actividades, que podem diferir de um país para outro, e também de uma zona geográfica para outra. Os estudiosos sugerem que, mesmo dentro do mesmo país, a proporção e os tipos de actividades podem variar entre regiões, dependendo dos activos locais e das caraterísticas da localização, das infra-estruturas existentes, dos recursos disponíveis e de outros factores.

Existem também pontos de vista opostos sobre este tema. Alguns estudiosos argumentam que a economia rural não agrícola não é sustentável nem apoia o desenvolvimento económico devido à má qualidade dos bens (produzidos pela maioria dos países em desenvolvimento) que não ganham quota de mercado global a tempo de fazer a diferença na economia. A curto prazo, as empresas rurais não agrícolas podem ganhar quota de mercado nos segmentos de baixo rendimento das populações locais. Assim, os académicos e os profissionais que apoiam este argumento no debate sobre as ENFR não defendem a necessidade de envolvimento do governo na criação e estímulo de oportunidades de emprego não agrícola.

Além disso, a variedade de profissões não agrícolas que podem ser consideradas pelos governos é tão grande que qualquer política de fomento iniciada pelo Estado terá de ser formulada caso a caso para ter impacto. Uma atenção tão concentrada por parte do governo é proibitiva em países pequenos com competências limitadas e recursos escassos. A abordagem caso a caso para a tomada de decisões pode resolver alguns problemas de eficiência e eficácia, mas cria novos desafios que podem dar lugar a um acesso desigual aos recursos públicos, distorcendo assim a questão da *equidade* no acesso aos recursos públicos (Lanjouw e Lanjouw 2001).

Em muitos países, as actividades não agrícolas são diversas e dividem-se em sectores primário, secundário e terciário. Fisher at al. (1998) definem-nos da seguinte forma: o sector primário inclui o comércio, a indústria transformadora e os serviços públicos; o sector secundário inclui a madeira, os produtos alimentares, os têxteis, os produtos metálicos, o tabaco, a construção e a renovação; e as actividades não agrícolas terciárias consistem na educação, nos serviços pessoais, na administração pública, nos transportes terrestres, no comércio a retalho em pequena escala, nos serviços médicos, na hotelaria e na restauração.

PRINCIPAIS BENEFÍCIOS DO RNFE

Utilização de mão de obra excedentária

A disponibilidade de mão de obra excedentária é uma caraterística importante para o desenvolvimento do sector não agrícola nas comunidades rurais. Para além do significado económico da diversificação, os estudiosos argumentam que prestar atenção ao crescimento da economia rural não agrícola é importante para utilizar a mão de obra excedentária nas comunidades rurais, embora sazonalmente, reduzindo assim o desemprego e os fluxos migratórios rural-urbanos. É de notar, contudo, que nas comunidades rurais mais pequenas pode não existir mão de obra excedentária (exceto nos meses de inverno). Por exemplo, estudos anteriores concluíram que, em países com pequenas explorações rurais, todos os membros do agregado familiar trabalham nas suas explorações familiares e podem não ter necessariamente mão de obra excedentária para dedicar a actividades não agrícolas (Foster et al. 2001). No entanto, em países grandes como a China, as actividades não agrícolas desempenharam um papel crucial na diminuição da pobreza rural, no aumento dos lucros dos agricultores e, mais importante ainda, na absorção de mão de obra excedentária (Lewis 1954).

Em contraste com o que foi dito acima, Bardhan e Udry (1999) argumentam que, embora as actividades não agrícolas tenham um enorme impacto no desenvolvimento rural, também podem ter um impacto negativo grave na produtividade agrícola, simplesmente porque retiram trabalhadores da agricultura para actividades não agrícolas. É claro que isto se baseia na existência de mão de obra excedentária e no grau de qualificação da mão de obra para ser utilizada em actividades não agrícolas. Os autores afirmam que, se no mercado rural houver mão de obra excedentária e o mercado de trabalho funcionar sem falhas, a perda de trabalhadores para actividades não agrícolas pode ser substituída com êxito pela atração de novas pessoas para o mercado de trabalho agrícola, atenuando assim qualquer influência indesejável na eficiência.

O exemplo da China demonstra como as actividades não agrícolas absorvem os excedentes de mão de obra e melhoram os meios de subsistência. Embora a agricultura continue a ser uma das principais e vitais formas de ganhar dinheiro nas zonas rurais, o rendimento não agrícola representa uma percentagem mais significativa do rendimento total das famílias. De acordo com Luo et al. (2005), cerca de 68% das famílias rurais obtêm pelo menos algum rendimento não agrícola que, em média, representa cerca de 32% do rendimento familiar. O rendimento médio das famílias que se dedicam a actividades não agrícolas é mais elevado do que o das famílias que apenas têm rendimentos provenientes de actividades agrícolas (Luo et al. 2005; Barrett et al. 2001).

Nova geração de rendimentos

O desenvolvimento da economia rural não agrícola é também necessário pelo novo rendimento que gera para os residentes rurais, o que, por sua vez, subsidia o avanço económico local e melhora a qualidade de vida dos residentes rurais (Wiggins e Hazell, 2011). As atividades rurais não-agrícolas abrangem uma ampla gama de atividades diversas, a começar pelos setores que apresentam altos níveis de produtividade, eficácia mensurável e oferecem salários mais altos. A gama estende-se até ao extremo oposto do continuum (Reardon 1997). A medida em que as empresas não agrícolas se desenvolvem nas comunidades rurais também varia. O tamanho e a abrangência variam muito, desde pequenas indústrias caseiras até grandes corporações (Losch et al. 2010).

Num estudo realizado no Bangladesh por Pramanik et al. (2014), o rendimento familiar per capita melhorou, mas continuou a flutuar durante um período de tempo. O autor mostra que o rendimento médio das famílias cresceu de 1 950 USD em 2010 para 2 281 USD em 2011 e que o rendimento per capita aumentou de 361 USD em 2010 para 426 USD em 2011. De acordo com o estudo, a principal fonte de rendimento não agrícola provém de remessas de trabalhadores migrantes ou de familiares que vivem no estrangeiro, seguidas de serviços e outras pequenas empresas em vários sectores. Assim, o rendimento não agrícola aumentou de 46% em 2010 para 56% em 2012. Além disso, os trabalhadores não agrícolas receberam os seus rendimentos principalmente de actividades não agrícolas (mais de 80%).

Na mesma linha de discordância, Reardon et al. descobriram que, nas zonas rurais, as famílias com baixos rendimentos dependem principalmente de rendimentos não agrícolas provenientes de actividades rurais não agrícolas. Mas o rendimento médio deste segmento da população é muito baixo. Por outro lado, as famílias que obtêm rendimentos mais elevados das actividades agrícolas têm tendência para se dedicar a níveis mais elevados de actividades rurais não agrícolas. O autor sugere que, neste caso, as famílias com baixos rendimentos têm mais hipóteses de aceder ao emprego não agrícola, uma vez que as famílias mais ricas acumulam mais poupanças e criam diferentes tipos de oportunidades de emprego que são sugeridas às famílias carenciadas ou com baixos rendimentos. Assim, milhares de famílias rurais aumentam o seu rendimento acima do limiar de pobreza (2000).

MELHORIA DA QUALIDADE DE VIDA

De um modo geral, nas comunidades rurais mais pequenas, com pouca ou nenhuma atividade não agrícola, não existem oportunidades para actividades de lazer e outras actividades comunitárias, dada a ausência de interesse e de procura. Para além dos problemas de procura, a atividade não agrícola nas comunidades mais pequenas é restrita a um pequeno número de pessoas devido à falta de equipamento e a infra-estruturas inadequadas para promover essa atividade.

Na América Latina, até ao desenvolvimento do emprego rural não agrícola, a palavra rural estava associada ao subdesenvolvimento. O emprego rural não agrícola desempenhou um papel crucial na melhoria da qualidade de vida através do desenvolvimento dos serviços e das indústrias transformadoras. O envolvimento na indústria transformadora e no comércio, bem como no turismo e noutros serviços relacionados, desenvolveu novas competências e aumentou o rendimento das famílias, tornando o emprego não agrícola mais atrativo e preferível à agricultura (Berdegue et al., 2000). Durante os anos 1960-70, muitas zonas rurais da América Latina registaram progressos nas actividades rurais não agrícolas e nas ligações com as cidades de média dimensão através dos serviços de transporte e do comércio não agrícola, reforçando assim também outros serviços.

Ryan e Walker (1990) afirmam que, normalmente, onde existem actividades não agrícolas, obtêm-se rendimentos significativos. Quanto mais elevado for o rendimento do agregado familiar, maior é a probabilidade de a família estar envolvida num emprego não agrícola ou numa atividade não agrícola sazonal ou a tempo parcial. Além disso, num estudo realizado na Índia, estes autores concluem que a percentagem de emprego em actividades não agrícolas em relação ao mercado de trabalho aumentou de 20 para 27% entre 1971-2 e 1981-82, enquanto a percentagem de actividades agrícolas diminuiu de 60 para 53%. Em contrapartida, Basant (1993) analisa as conclusões de um estudo realizado pelo Gujarat Institute of Development Research, que mostra que quanto maior é o rendimento do agregado familiar, maior é o seu envolvimento na agricultura e nas actividades não agrícolas.

UTILIZAÇÃO DA(S) VANTAGEM(NS) COMPARATIVA(S) RURAL(AIS)

Davis (2000) argumenta que as zonas rurais com vantagens competitivas nos domínios do entretenimento, do lazer ou do comércio têm menos tendência para confiar na agricultura como catalisador do progresso e do desenvolvimento. Os países em desenvolvimento adoptam diferentes estratégias de transformação, baseando-se geralmente nas suas vantagens comparativas derivadas da produção de bens especializados ou distintos, da promoção de locais de interesse turístico, etc. (Davis, 2003). Para além disso, as empresas que operam com sucesso utilizam as caraterísticas exclusivas da sua região (i.e., as vantagens comparativas existentes) para enviar sinais relevantes que impulsionam o financiamento de novos investimentos na área. Isto favorece o crescimento das actividades não agrícolas, bem como das explorações agrícolas privadas, aumentando assim a utilização razoável e operacional dos recursos monetários e sociais (Davis et al. 2000).

Mehta (2002) argumenta que as estratégias estatais de desenvolvimento rural devem centrar-se no aumento das oportunidades de autoemprego (incluindo micro e pequenas empresas) e não apenas na criação de novos postos de trabalho. Neste contexto, o papel do governo poderia ser crucial na identificação de actividades não agrícolas específicas para diferentes zonas rurais, tendo em conta as vantagens comparativas da respectiva comunidade. Além disso, o autor argumenta que, em áreas onde há uma população crescente e uma fragmentação cada vez maior das terras, a agricultura não pode crescer ao ponto de criar novos empregos. Assim, é estrategicamente preferível concentrar-se no desenvolvimento de outras actividades não agrícolas específicas da zona, que tenham em conta as vantagens comparativas que possam existir.

OBSTÁCULOS À RNFE

Dimensão da população rural

A diversidade e a dimensão das actividades não agrícolas estão diretamente associadas à dimensão e à idade média da população rural onde elas ocorrem. Nas zonas rurais onde a população está concentrada no crescimento do sector agrícola, é difícil criar novos empregos (Mehta 2002). Por conseguinte, é necessário desviar a atenção para as actividades não agrícolas, que podem servir como uma abordagem alternativa para aumentar o emprego, reduzir a pobreza e a migração e criar novas oportunidades de emprego para a mão de obra local. O papel das actividades não agrícolas é especialmente significativo nos países subdesenvolvidos ou menos desenvolvidos. Na Índia, por exemplo, o recenseamento de 1991 revelou um declínio na percentagem de pessoas empregadas na agricultura em comparação com as que trabalham no segmento não agrícola. Além disso, o rácio de pessoas que trabalham na agricultura diminuiu de 69% para 64% entre 1981 e 1991 (Mehta, 2002).

Falta de recursos

Em muitos casos, as famílias muito pobres e desfavorecidas não conseguem dedicar-se a actividades não agrícolas devido à falta de recursos financeiros necessários para acumular poupanças que lhes permitam ultrapassar as barreiras, bem como à ausência de competências mínimas para lançar um negócio. Assim, envolvem-se em microactividades não agrícolas de baixo rendimento que, normalmente, não são suficientes para as tirar da pobreza (Reardon et al. 2006).

É difícil registar o rendimento proveniente de fontes não agrícolas, em parte porque os rendimentos não agrícolas não são documentados pela maioria dos países e porque as pessoas têm frequentemente relutância em divulgar informações sobre o seu rendimento pessoal. Apesar disso, há provas suficientes de que, nos países em desenvolvimento, os salários não agrícolas representam 35-50% do rendimento das famílias rurais (Davis e Gaburici 1999; Greif 1997).

Em suma, Reardon et al. (1998) afirmam que as actividades rurais não agrícolas constituem 40% dos rendimentos das famílias rurais na América Latina, 42% em África e 32% na Ásia. Na Polónia, a agricultura é a principal fonte de rendimento de 40% das populações rurais, enquanto os rendimentos não agrícolas representam 30% do rendimento das famílias rurais (Christensen e Lacroix 1997). A indústria transformadora constitui normalmente 20-25% do emprego rural não agrícola, enquanto a construção, os transportes, o comércio e outros serviços representam 75-80% (Wiggins e Hazell 2011; Haggblade et al. 2007). Em muitos países, os serviços ou as actividades de produção são consumidos quase inteiramente no país onde os produtos são produzidos.

O PAPEL DAS MULHERES NA RNFE

Em muitos países, a economia rural não agrícola é de grande importância para a economia, especialmente para as mulheres. Embora os homens constituam a maior parte do emprego não-agrícola, as mulheres representam entre 10-40% das pessoas que trabalham em actividades não agrícolas. O papel das mulheres na economia rural não agrícola é especialmente importante quando se analisa o padrão de poupança e o nível de vida das famílias rurais. No Bangladesh, por exemplo, as mulheres desempenham um papel vital na agricultura; representam cerca de metade da população e quase 46% está associada à agricultura (Hoque e Itohara, 2008). Considerando que, nesses países, o papel das mulheres inclui a gestão da economia do agregado familiar, são óbvios os efeitos mais significativos.

Factores de atração e de pressão

A importância das mulheres é mais bem compreendida pelos factores de atração e de pressão. Muitos economistas consideram a educação como um dos factores mais importantes do envolvimento das mulheres na indústria do emprego. Assim, quanto mais avançado for o nível de educação, maior é a participação das mulheres no mercado de trabalho □ fator Dpull (Mincer 1962; Becker 1965).

Além disso, Faridi et al. (2011) analisaram a relação entre a educação e o envolvimento das mulheres em actividades não agrícolas. O seu estudo sugere que as pessoas com baixos níveis de educação são mais propensas a trabalhar por conta própria do que as mais instruídas. A importância da educação também é discutida por Kongolo e Bamgose (2002), que observam que, nas zonas rurais de África, a maioria das mulheres não tem instrução, razão pela qual estão mais ou menos isoladas, há falta de incentivos e a taxa de desemprego nas zonas rurais é comparativamente mais elevada. Assim, o nível de educação desempenha um papel crucial no envolvimento dos residentes rurais no mercado de trabalho local (Hafeez e Ahmed 2002).

As mulheres de agregados familiares com baixos rendimentos são empurradas para actividades não agrícolas principalmente para aliviar as dificuldades económicas das suas famílias. As famílias pobres são mais propensas a aumentar o seu orçamento de despesas através do envolvimento de membros do sexo feminino em actividades não agrícolas. Kazi e Raza (1986) concluem que, na maioria dos casos, as mulheres se dedicam a actividades não agrícolas para ajudar a satisfazer as necessidades básicas das suas famílias, aumentar o orçamento familiar e também cobrir outras necessidades familiares. Ao contrário das famílias com baixos rendimentos, as mulheres das famílias mais ricas têm menos possibilidades de exercer uma atividade não agrícola.

Um outro estudo realizado por Farid et al. (2009) revela que as mulheres nas zonas rurais estão principalmente envolvidas em actividades domésticas, incluindo a venda de produtos a partir de casa, a jardinagem no quintal, a colheita, etc. De acordo com este estudo, o nível de instrução, a dimensão do agregado familiar e a dimensão da terra são factores que influenciam a decisão das mulheres de se envolverem em actividades rurais não agrícolas. Embora outros estudos confirmem que, nas zonas rurais, a principal fonte de rendimento provém da agricultura e das microempresas caseiras, Newman e Canagarajah (1999) mostram que, no Uganda, a participação das mulheres no emprego não agrícola começou a aumentar depois de 1900, quando as mulheres começaram a trabalhar em actividades relacionadas com o comércio e a transformação de alimentos. Do mesmo modo, num estudo realizado por Newman e Canagarajah (2000) no Uganda, o maior sector em que as mulheres participam é a indústria caseira, principalmente a venda de bebidas e outros produtos alimentares. Por último, um estudo realizado pela CEPAL (2000) mostra que o envolvimento das mulheres em actividades rurais não agrícolas é superior ao dos homens em 10 dos 11 países estudados.

REMESSAS DE MIGRANTES COMO PARTE DO RNFE

Davis et al. afirmam que as remessas da migração sazonal ou temporária para as zonas rurais são responsáveis pelo rendimento da atividade não agrícola e representam uma fonte significativa na maioria dos países em desenvolvimento (Davis et al. 2000;

Haggblade et al. 2010; Kapour 2004). Wiggins e Hazell (2008) abordam as remessas dos migrantes como uma parte vital da economia rural não agrícola. Sugerem que as remessas enviadas para casa pelos trabalhadores migrantes contribuem significativamente para a economia local.

Na África do Sul, por exemplo, as remessas representam metade de quase todo o rendimento familiar (Barret et al. 2001; Ellis 2004). Do mesmo modo, de acordo com a base de dados Rural Income Generating Activities (RIGA 2010), quase 80% dos residentes rurais na Indonésia e no Malawi e 60% no Panamá dependem das remessas para a sua subsistência. Contudo, apesar de serem importantes para a subsistência de muitas famílias rurais nos países em desenvolvimento, constituem apenas 510% do rendimento rural total (FIDA 2010).

Na Albânia, onde a agricultura privada é uma fonte de rendimento dominante, os rendimentos não agrícolas são vitais e envolvem geralmente remessas de trabalhadores migrantes que trabalham sobretudo em Itália e na Grécia em actividades relacionadas com os serviços (Pearce e Davis, 2000). A proximidade de alguns países (Hungria, República Checa, etc.) dos países mais desenvolvidos da UE permite deslocações semanais e mesmo diárias para o trabalho e vice-versa, quer se trate de trabalho no sector dos serviços ou na construção. A maior parte das deslocações é feita sob a forma de salários auferidos pelo trabalho transfronteiriço e representa uma fonte significativa de receitas do RNF para as famílias rurais.

A Nova Economia da Migração Laboral afirma que o aumento do rendimento não agrícola pode servir como uma nova fonte de poupança que, em última análise, pode reduzir as restrições financeiras e aumentar a poupança, aumentando assim o capital inicial necessário para o lançamento de empresas não agrícolas, incluindo o investimento na indústria transformadora, a aquisição de maquinaria relacionada, etc. (Stark e Bloom, 1985). No entanto, de um modo geral, o rendimento ou as remessas dos migrantes não são necessariamente canalizados para a poupança, sendo normalmente consumidos para satisfazer as necessidades do agregado familiar. Esta situação é ainda agravada pela falta de oportunidades de investimento rentável nas comunidades rurais.

A investigação de Nwajiuba (2005) conclui que, apesar de a maioria dos inquiridos se ter recusado a responder a perguntas pormenorizadas sobre as remessas que recebiam, todos concordaram que as remessas desempenham um papel vital na vida das famílias. Este estudo revela que aproximadamente 20-65% das necessidades prioritárias das famílias são satisfeitas através das remessas. Na Nigéria, o montante da remessa e a forma como é gasto têm grande importância. Uma das opiniões mais generalizadas é que as remessas são geralmente gastas em consumo e noutras necessidades individuais sem importância. Este ponto de vista, apresentado por vários académicos, sublinha que as remessas são, em certa medida, não essenciais e, consequentemente, são geralmente mal gastas.

No entanto, a opinião negativa acima referida sobre as remessas está a mudar lentamente. Vários estudos sublinharam que as remessas dos migrantes podem transformar-se em activos de investimento no país de origem (Galor e Stark, 1990; Dustman e Kirchkamp 2002). Muitos destes investigadores sugerem que, para um certo número de famílias nigerianas, o dinheiro enviado do estrangeiro estimulou um progresso óbvio das suas oportunidades económicas e sociais. Isso, por sua vez, fomenta o investimento no sector rural não agrícola, o que parece aumentar a importância do investimento global em actividades não agrícolas (Carling, 2004; Nwajiuba, 2005; Osili, 2007).

Além disso, numerosos estudos realizados em África mostram que existe uma relação positiva entre o desenvolvimento da economia rural não agrícola, a educação e as remessas, e o crescimento da ENFR (Atchoerena e Gasperini, 2003; Avila e Gasperini, 2005). Os estudos realizados no Gana, Zimbabué e Somália revelaram que as famílias gastam uma grande parte das remessas obtidas na educação e na economia rural não agrícola (Schoorl et al. 2000; Lindley 2005).

AGRICULTURA E RFFE

A agricultura desempenha um papel significativo na promoção e influência da estrutura e do âmbito da economia rural não agrícola. A economia não agrícola cresce normalmente através de programas que ajudam os residentes rurais a aceder a recursos para a aquisição de equipamento de agro-processamento e de competências para a prestação de serviços e fornecimento de bens. Basicamente, o processo de desenvolvimento rural começa com os agregados familiares estabelecidos numa comunidade rural alvo e ocupados na agricultura para o seu próprio consumo. À medida que a quantidade e a qualidade dos seus produtos agrícolas aumentam, começa a haver um comércio limitado. Gradualmente, este comércio aumenta em termos de eficácia e eficiência, dando origem a uma RNFE
(Haggblade et al. 2010).

É geralmente argumentado que, nos países e áreas onde a agricultura se desenvolveu vigorosamente, a RNFE também se desenvolveu muito rapidamente. A agricultura serve como um catalisador para RNFE e é uma força motriz do crescimento económico (Haggblade et al. 2007; Christensen et al. 2010). Por outro lado, um progresso mais lento das receitas na agricultura pode causar constrangimentos no avanço da agro-transformação, enfraquecer a procura dos consumidores e ter outros efeitos negativos. Nestas situações, são de esperar poucos progressos em termos de EFRN, e as famílias rurais pobres terão de procurar outros métodos de sobrevivência, que podem incluir a migração e o envolvimento em actividades não agrícolas. Os autores argumentam que os países desenvolvidos do ponto de vista agrícola têm mais hipóteses de estimular o desenvolvimento de ERNF e gerar oportunidades de emprego (Wiggins et al. 2011).

Embora o sucesso e a riqueza das zonas rurais e das economias rurais não agrícolas dependessem principalmente da agricultura durante os períodos iniciais de crescimento económico, esta ligação diminuiu devido à redução da parte da agricultura nas economias nacionais. Devido à globalização e à rápida urbanização, estão a ser criadas novas oportunidades de mercado para os produtores rurais não agrícolas, especialmente para os que lidam com instalações e propriedades transaccionáveis, e para a migração da mão de obra rural. Assim, estas perspectivas podem fomentar o crescimento económico rural e, em muitos casos, as zonas mais atrasadas com capacidades agrícolas muito reduzidas serão as mais beneficiadas (Haggblade et al. 2010).

METODOLOGIA E CONCEÇÃO DA INVESTIGAÇÃO

CAPÍTULO 2

HIPÓTESE E QUESTÕES DE INVESTIGAÇÃO

O objetivo desta investigação é identificar e explicar os problemas emergentes do desenvolvimento rural na República da Arménia. As questões relacionadas com a economia rural não agrícola na Arménia são investigadas do ponto de vista da estratégia de crescimento da República e avaliadas quanto à sua eficácia e alinhamento com a estratégia de crescimento nacional.

O estudo responde às seguintes questões de investigação:

RQ1: Existe um papel para a atividade rural não agrícola no Tavush Marz?

RQ2: Quais são as actividades rurais não agrícolas em Tavush marz?

RQ3: Qual o impacto das actividades não agrícolas no rendimento das famílias rurais?

RQ4: Quais são os factores desencadeantes/desafios do desenvolvimento rural não agrícola em Tavush marz?

RQ5: A República adoptou políticas para ajudar a desenvolver a economia rural não agrícola?

Para responder a estas questões de investigação, serão testadas as seguintes hipóteses:

HI: As actividades do RNF têm um impacto positivo na situação social dos agregados familiares em Tavush marz.

HO: As actividades do RNF não têm um impacto positivo na situação social dos agregados familiares em Tavush marz.

Por impacto positivo na situação social das famílias rurais, a investigação centra-se no rendimento das famílias.

CONCEÇÃO DA INVESTIGAÇÃO E RECOLHA DE DADOS

Este é um estudo de caso que utiliza um método misto para responder às questões de investigação acima referidas e testar a hipótese. O desenho é sequencial transformativo que começa com a recolha e análise de dados qualitativos, seguida da análise e interpretação dos dados recolhidos na fase quantitativa. A análise dos dados qualitativos tem como objetivo triangular a informação sobre as principais tendências e padrões existentes na região. (Além disso, a análise e as conclusões dos dados qualitativos na primeira fase são utilizadas para desenvolver o questionário do inquérito para a fase quantitativa).

Na fase qualitativa, os dados foram recolhidos a partir de documentos e dados estatísticos disponíveis nas administrações regionais e locais das comunidades-alvo, complementados por informações recolhidas em entrevistas aprofundadas com os chefes das administrações locais. Nesta mesma fase, foram realizados grupos de discussão com representantes do Tavush *marzpetaran* (gabinete do governador) e um grupo de aldeões que se dedicam a actividades não agrícolas. Na fase quantitativa, foram recolhidos dados junto da população de Tavush marz através de um inquérito aos residentes locais que se dedicam a actividades rurais não agrícolas, a fim de identificar os tipos de actividades não agrícolas mais bem sucedidos na região; os factores que influenciam o desenvolvimento das actividades não agrícolas; e os principais obstáculos à expansão das actividades rurais não agrícolas.

Antes de administrar o inquérito, o questionário foi testado com um grupo de 12 aldeões envolvidos em actividades não agrícolas, concentrando-se no rigor do inquérito para responder às questões de investigação do estudo. Além disso, foi solicitada aos participantes a clareza das perguntas, o que garantiu que todos os inquiridos tivessem um entendimento comum de cada pergunta do instrumento de inquérito.

O questionário do inquérito era composto por quatro secções, cada uma destinada a revelar as caraterísticas específicas da atividade não agrícola em Tavush marz. A primeira parte consistia em perguntas destinadas a obter informações gerais sobre os inquiridos, como o sexo, a escolaridade, a idade, etc. A segunda secção abordava questões associadas às actividades não agrícolas, com o objetivo de recolher informações sobre o envolvimento dos inquiridos nos tipos de actividades não agrícolas. A terceira secção visava examinar o impacto financeiro das actividades não agrícolas no rendimento do agregado familiar. E, por último, a quarta secção visava identificar as vantagens da atividade não agrícola.

ESTRATÉGIA DE AMOSTRAGEM

O inquérito utilizou a amostragem aleatória por conglomerados para garantir a representatividade da amostra em relação à população-alvo de Tavush *marz*. A dimensão total da amostra é de 383 cidadãos, com base no cálculo da calculadora da dimensão da amostra. Na fase inicial, as comunidades urbanas e rurais foram classificadas por ordem alfabética e cada segunda comunidade urbana e cada sexta comunidade rural foi selecionada para inclusão na amostra do inquérito. Assim, as três comunidades urbanas selecionadas foram Ijevan, Dilijan e Ayrum, e dez comunidades rurais, incluindo Azatamut, Aygepar, Barekamavan, Debetavan, Teghut, Khachardzan, Haghartsin, Norashen, Paravaqar e Varagavan.

Com o objetivo de atingir o número mínimo estabelecido de indivíduos que completam o inquérito, o número total de questionários foi dividido pela população total da região de Tavush selecionada para o estudo. De acordo com os dados oficiais do Armstat, a população da região de Tavush era de aproximadamente 127,6 mil pessoas em 1 de janeiro de 2014. Assim, dividindo 383 pelo tamanho da população, obtém-se a fração de 1/334. Por conseguinte, o inquérito foi administrado da seguinte forma: Ijevan 63; Dilijan 53; Ayrum 6; Debetavan 2; Teghut 5; Khachardzan 1; Aygepar 2; Azatamut 8; Norashen 5; Paravaqar 5; Varagavan 2; Haghartsin 1.

GRUPOS DE DISCUSSÃO

Tal como referido anteriormente, foram realizadas discussões em grupos de reflexão com os chefes de vários departamentos do governo regional de Tavush, tal como a seguir se indica. A seleção dos participantes nos grupos de reflexão foi feita em função do seu envolvimento em projectos de desenvolvimento rural:

- Departamento de desenvolvimento socioeconómico e financeiro
- Departamento de projectos de desenvolvimento e análise

Com base nas informações recolhidas nos debates dos grupos de discussão, foram realizadas entrevistas aprofundadas com os líderes comunitários das aldeias selecionadas. De seguida, foram realizadas discussões em grupos de discussão com grupos de aldeões de cada comunidade, sendo cada grupo constituído por 8-10 residentes locais. Os grupos de discussão identificaram os principais desafios da atividade não agrícola. Após a triangulação dos resultados da fase qualitativa da investigação, foi elaborado um questionário para complementar ou reforçar as conclusões. Depois de testar o instrumento de inquérito com um grupo de aldeões, a versão final foi utilizada para inquirir os chefes de família nas aldeias da amostra.

ANÁLISE DE DADOS, DISCUSSÃO E CONCLUSÕES

CAPÍTULO 3

ANÁLISE DE CONTEÚDO

A análise de conteúdo teve como objetivo analisar e explorar os significados subjacentes às declarações dos chefes dos governos locais, dos representantes de Tavush Marzpetaran e dos aldeões locais que se dedicam a actividades não agrícolas.

A seguir, apresentamos uma tabela com os resultados da análise de conteúdo dos grupos focais, bem como das entrevistas com os líderes comunitários e trabalhadores do município de Tavush. Esta secção mostra principalmente a intensidade dos descritores utilizados para analisar o texto referente às actividades não agrícolas, tal como articuladas durante as entrevistas e os grupos focais realizados nas comunidades rurais e urbanas de Tavush Marz.

As entrevistas foram codificadas utilizando descritores-chave derivados da literatura analisada. São eles: (1) actividades não agrícolas existentes na região; (2) principais obstáculos ao emprego não agrícola; (3) vantagem comparativa de uma zona rural específica; (4) remessas de emigrantes como parte do rendimento familiar; e (5) melhoria da qualidade de vida através de actividades rurais não agrícolas. Cada um destes descritores é dividido em subcategorias e medido numa escala de cinco pontos. A força da intensidade foi medida utilizando uma escala de 1 a 5, em que um significa que o descritor correspondente utilizado pelo entrevistador ou pelo participante do grupo de discussão não tem qualquer força; três significa que tem uma força neutra e cinco significa que foi utilizado até ao fim e na sua força máxima.

TABELA 1 - RESULTADOS DA ANÁLISE DE CONTEÚDO

N	Descritores	Média de resultados das entrevistas com os chefes das comunidades urbanas	Média de resultados das entrevistas com os chefes das comunidades rurais	Média de entrevistas com representantes de Tavush Marzpetara n	Média de grupos de reflexão com aldeões
1	**A importância das actividades não agrícolas**				
	Comércio	4.28	3.16	4.21	3.15
	Turismo	4.00	2.00	4.18	3.00
	Construção	4.26	3.12	4.00	4.12
	Migração temporária	3.68	4.86	3.86	4.84
	Outros serviços	4.16	3.86	4.86	3.85
2	**Principais obstáculos ao emprego não agrícola**				
	Apoio financeiro do governo	4.38	3.11	4.12	3.00
	Falta de competências/educação para lançar uma empresa	4.25	4.12	4.15	4.00

3	**Vantagem comparativa de uma zona rural específica**				
	Horticultura	3.00	4.16	4.00	3.86
	Actividades como o turismo e os desportos de aventura	4.25	2.95	4.12	3.12
4	**Remessas de migrantes como parte do rendimento do agregado familiar**	3.68	4.25	3.74	4.84
5	**Melhoria de qualidade de vida através do RNFA**	4.00	3.56	4.16	3.68

A análise de conteúdo do grupo de discussão revelou que, em diferentes aldeias de Tavush Marz, as comunidades não têm muita capacidade para se dedicarem a actividades não agrícolas. A intensidade média das diferentes actividades não agrícolas depende de muitos factores, como a localização da zona rural/urbana, o nível de educação da respectiva aldeia, etc. Na maioria das aldeias, as pessoas são mais propensas a dedicar-se a actividades relacionadas com a agricultura. É de notar que os chefes das comunidades urbanas e rurais têm opiniões diferentes no que diz respeito às actividades não agrícolas. Em particular, o chefe do departamento de desenvolvimento socioeconómico e financeiro, o chefe do departamento de análise e projectos de desenvolvimento e os chefes das comunidades urbanas de Ijevan e Dilijan referiram que, nos últimos anos, as actividades não agrícolas em geral e as actividades não agrícolas específicas em particular se desenvolveram. Os chefes das comunidades rurais e, em especial, os participantes nos grupos de discussão manifestaram a sua preocupação com o futuro das comunidades rurais, uma vez que existem problemas relacionados com a falta de acesso a infra-estruturas adequadas, ou seja, comunicações e transportes.

A análise dos resultados dos grupos de discussão mostrou que a média da intensidade do apoio financeiro do governo é de 3,00, relativamente baixa para concluir que o apoio do governo não é sistemático e suficientemente forte para desenvolver o sector não agrícola nas aldeias rurais (3,00 em 5,00).

Além disso, os aldeões locais afirmaram que, apesar de estarem envolvidos em actividades não agrícolas de pequena escala, não é suficiente para viverem confortavelmente. Embora a intensidade média dos resultados dos grupos de discussão tenha revelado que o apoio governamental não é suficientemente sustentável e útil, a intensidade média das entrevistas com os chefes das comunidades urbanas (4,38) e os chefes dos departamentos de Tavush *Marzpetaran* (4,12) relativamente ao apoio financeiro do governo sugere que, nos últimos anos, se registaram progressos em termos de financiamento do governo e de intervenções específicas para apoiar o desenvolvimento de actividades não agrícolas. Os chefes das aldeias rurais apoiam a posição dos aldeões locais (a intensidade média é de 3,11), afirmando que o apoio é demasiado pequeno para impulsionar o desenvolvimento das actividades não agrícolas. Quanto ao emprego em segmentos específicos da economia não agrícola e à sua importância relativa para as respectivas comunidades urbanas, os presidentes das aldeias destacaram os seguintes: Turismo, comércio, construção, migração temporária e empregos relacionados com os serviços (Ver figura1 abaixo).

Os chefes das comunidades urbanas mencionaram repetidamente que, na última década, as actividades rurais não agrícolas, em particular o turismo, o comércio, os empregos relacionados com os serviços, a construção e a migração temporária aumentaram na cidade e o número de famílias que não estão envolvidas em actividades não agrícolas é menor. As médias de intensidade dos respectivos descritores são 4,00, 4,28, 4,16, 4,26 e 3,68, suficientemente elevadas para concluir que estes segmentos de actividades não agrícolas se desenvolveram nas comunidades urbanas de Tavush Marz. No entanto, a migração de mão de obra não é tão elevada como no caso de outras actividades não agrícolas.

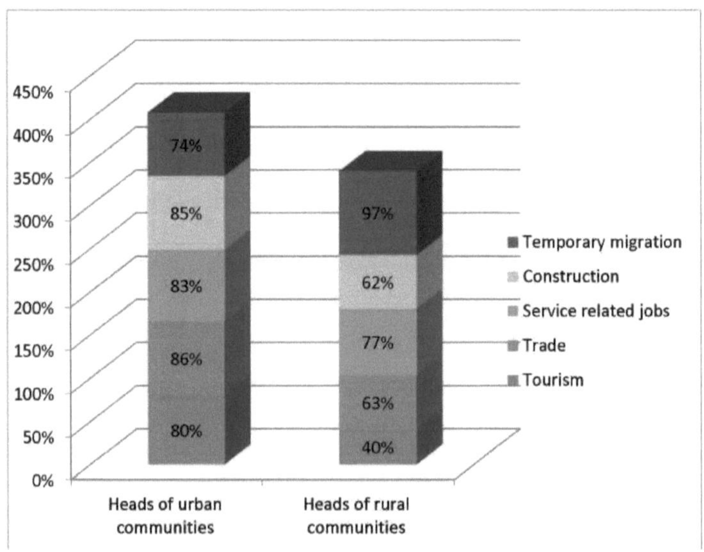

Figura 1. Actividades não agrícolas mais desenvolvidas em Tavush Marz, de acordo com os chefes das comunidades urbanas e rurais.

do inquérito Os resultados revelaram Dilijan e cidades de , a maioria agregados familiares está envolvida em várias actividades não agrícolas (como se refere no parágrafo seguinte). No entanto, a situação é bastante diferente nas aldeias rurais, onde os tipos de actividades não agrícolas são limitados e diferentes dos das comunidades urbanas. A importância das actividades não agrícolas no comércio, no turismo, na construção e nos serviços é classificada como mais baixa pelas comunidades rurais - com médias de 3,16, 2,00, 3,12 e 3,86 - em comparação com 4,28, 4,00, 4,26 e 4,16 pelas comunidades urbanas. Estes resultados sugerem que nas comunidades rurais estes tipos de actividades não agrícolas não estão tão desenvolvidos como os empregos relacionados com os serviços e a migração de mão de obra, o que é compreensível tendo em conta a dimensão dessas comunidades. O inverso é verdadeiro para o descritor sobre migração temporária para trabalho, maioritariamente sazonal, em que a intensidade média é de 4,86 para as comunidades rurais contra 3,68 para as urbanas.

A entrevista com o diretor de Dilijan revelou que a cidade está a desenvolver-se rapidamente graças ao crescimento do seu sector financeiro, atribuído principalmente à mudança de um segmento do Banco Central da RA para Dilijan. Com este catalisador de desenvolvimento, desenvolveram-se também na cidade os sectores da educação, dos cuidados de saúde, do turismo e da construção.

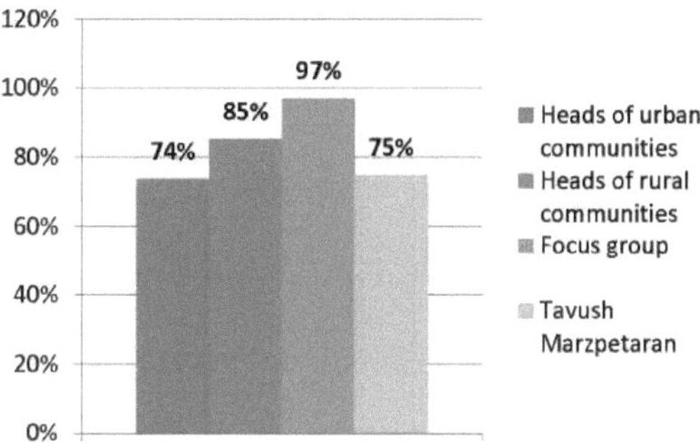

Figura 2. Remessas de migrantes como parte do rendimento do agregado familiar

Atualmente, existem mais de 40 hotéis resort, hotéis mais pequenos e B&Bs;

mas este número está a aumentar ano após ano. Além disso, estreitamente associado ao desenvolvimento do sector privado em Dilijan, o sector dos serviços está a ganhar um novo impulso, impulsionado pelo governo central.

Presença do banco em Dilijan, bem como da escola internacional UWC e da "Ayb School", que criaram novos postos de trabalho na RNFE.

Através das entrevistas com os chefes de departamento dos projectos de desenvolvimento socioeconómico e financeiro, bem como da análise do desenvolvimento, foi revelado que o tipo de ocupação rural não agrícola mais dominante nas comunidades de Ijevan e Dilijan é a migração laboral. O valor do descritor sobre as remessas dos emigrantes como parte do rendimento familiar é superior à média (intensidade média de 3,74), o que sugere que, tanto nas comunidades rurais como urbanas, as remessas dos emigrantes constituem a parte dominante do rendimento familiar.

Enquanto a média da intensidade do RNFE proveniente do emprego dos migrantes é de 4,86 para as comunidades rurais e de 3,68 para as comunidades urbanas, os grupos de discussão afirmaram que, na maioria das aldeias rurais, as remessas dos migrantes constituem uma fonte vital de rendimento (a média da intensidade é de 4,84). Na maioria das famílias, há pelo menos um membro do agregado familiar que emigra para trabalhar sazonalmente. Os resultados da análise das entrevistas com os chefes das comunidades rurais sobre os padrões de migração apresentam um quadro semelhante (a intensidade média é de 4,25). Das nove comunidades rurais, seis presidentes de câmara afirmaram que a migração sazonal é o principal contribuinte para os orçamentos familiares rurais, confirmando assim que, na maioria das famílias, um membro migra para trabalhar na construção civil na Federação Russa ou noutras antigas repúblicas soviéticas. Os outros dois chefes das comunidades rurais manifestaram neutralidade relativamente a esta questão, sublinhando, no entanto, que a agricultura, por si só, não seria suficiente para viver confortavelmente.

Quanto à vantagem comparativa de qualquer comunidade rural específica em estudo, as entrevistas com os chefes dos departamentos de Tavush Marzpetaran revelaram que as aldeias de montanha da região têm vantagens comparativas específicas da área e melhores hipóteses de expandir várias iniciativas de produção em pequena escala de frutos secos. Além disso, afirmaram que algumas aldeias têm melhores condições para a horticultura, uma vez que têm climas mais amenos e a terra é mais fácil de cultivar (a intensidade média é de 4,00).

Por exemplo, a localização e a dimensão das terras aráveis em Azatamut não são convenientes para a agricultura; assim, a maioria dos residentes trabalha nos sectores dos serviços e da construção. Outro exemplo é Aygepar, onde a maioria das pessoas trabalha na produção de vinho, mas também na agricultura. Em Khachardzan, uma das ocupações mais vitais dos residentes locais é a criação de gado, que constitui uma das mais importantes fontes de rendimento (média 3,85). Outro caso que revela vantagens comparativas é Paravaqar, que fica a cerca de 2 km da fronteira da Arménia com o Azerbaijão. As entrevistas e os grupos de discussão indicam que uma importante fonte de rendimento, para além da migração sazonal, é a horticultura, em especial a vinicultura (a intensidade média é de 3,86).

Além disso, os representantes do governo regional entrevistados afirmaram que fazem o seu melhor para reforçar o papel do governo na identificação das actividades não agrícolas específicas mais benéficas, tendo em conta a vantagem comparativa das respectivas zonas rurais/urbanas. Afirmaram que o governo está agora a prestar atenção a estas questões e, no caso das aldeias fronteiriças, a oferecer incentivos sob a forma de isenção fiscal durante vários anos a partir do início de uma nova operação de produção/manufatura, especialmente a transformação de alimentos.

No que diz respeito à melhoria do orçamento familiar e da qualidade de vida através de rendimentos provenientes de actividades não agrícolas, os grupos de discussão revelaram que o progresso é lento (a intensidade média é de 3,86). Embora os grupos de discussão urbanos tenham afirmado que a sua qualidade de vida global melhorou nos últimos 3-5 anos através do desenvolvimento de actividades relacionadas com os serviços, os grupos de discussão rurais foram menos optimistas, afirmando que o progresso é muito lento e que é impossível viver melhor apenas com o rendimento das actividades não agrícolas. É igualmente necessário trabalhar simultaneamente na agricultura. Pelo contrário, a média de intensidade da entrevista com os chefes do departamento de desenvolvimento socioeconómico e financeiro e do departamento de análise e projectos de desenvolvimento é de 4,16, o que sugere que há um progresso e que as actividades não agrícolas ajudam a melhorar a qualidade de vida das pessoas. qualidade de vida e melhorar a vida.

No que se refere às actividades relacionadas com o turismo e os desportos de aventura, os chefes das comunidades urbanas referiram que, nos últimos 5 a 10 anos, o turismo se desenvolveu consideravelmente em Dilijan (a média de intensidade é de 4,25). Já os chefes de outras comunidades rurais foram quase neutros nesta questão, com uma média de 2,95, indicando que as actividades turísticas não estão desenvolvidas e que é necessário prestar atenção a elas.

[st]Espera-se que a nova lei sobre Dilijan (Lei sobre programas de desenvolvimento e investimento da comunidade urbana de Dilijan e áreas adjacentes em Tavush marz), que entrou em vigor a 1 de agosto de 2015, promova ainda mais o desenvolvimento regional e abra novas perspectivas para o turismo regional, a educação, bem como para a hotelaria e os centros culturais, impulsionados pelas suas caraterísticas geográficas e climáticas. A lei visa incentivar investimentos e atrair novos empreendedores com novas ideias para o desenvolvimento da área, o que, por sua vez, criará um ambiente mais favorável para os habitantes locais e também abrirá novos locais de trabalho. Com o tempo, estes programas irão gerar benefícios fiscais para a região e para o país. Mais especificamente, de acordo com o artigo 10 "*no âmbito da implementação do projeto, as receitas de quem o implementa antes da tributação ou a parte que é investida até 15 de abril de 2016 serão isentas do imposto sobre lucros*"[1] (Parliament.am 2015).

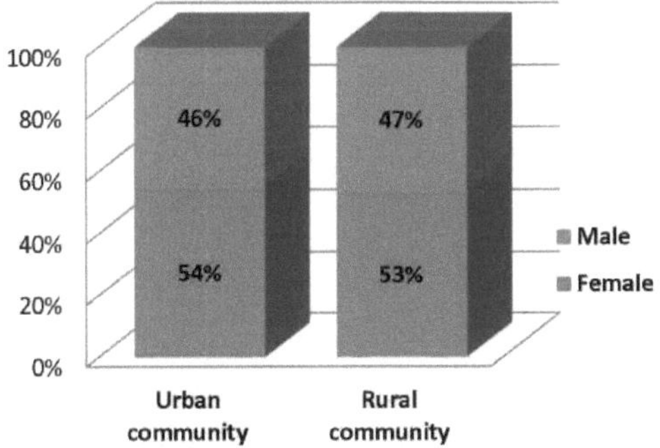

Figura 3. Estatísticas de género relativas aos cidadãos inquiridos.

[1] Ormqr^ ^r[m] Umdmgdmd 2r2[m] Um^UhrnLd'mjd ^r[m] Umdmgdnq md<kmdg 2mhnLjpq' d^U^hL hrnr^nLdp, ^md qr[m] mjU dmup, nrp d^U^hL h^Qhsm. smrQmd h^nrqnq smrQm m^rblb 15-D oqsmqnr&QnLd t (UhrqrQnLd t) &r[m] qrb 2r2[m] dm^dhrnLd, mqmsQnLd t 2mhnLpmhmr4nQ hmr^nLd^g:

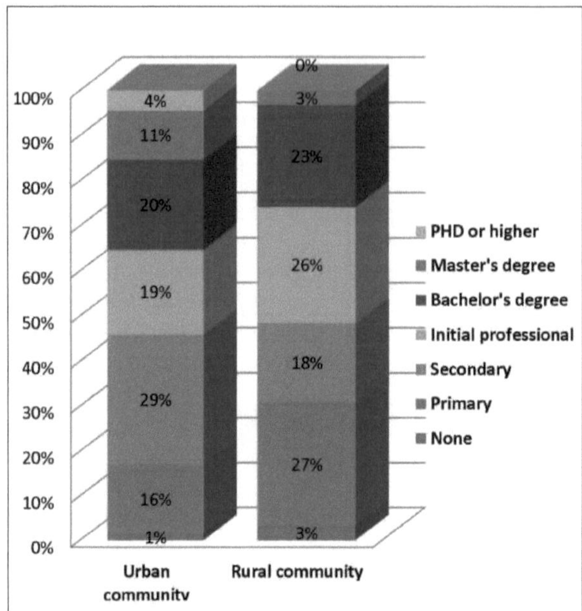

Figura 4 - Perfil educacional da amostra inquirida

CAPÍTULO 4

ANÁLISE DE INQUÉRITOS

A amostra inquirida era constituída por 153 cidadãos da Arménia (selecionados da forma explicada anteriormente), com idade igual ou superior a 18 anos e residentes em Tavush Marz. O inquérito continha 15 perguntas.

A Figura 3 apresenta a distribuição por género da amostra inquirida: 54% mulheres e 46% de homens das comunidades urbanas e 53% de mulheres e 47% de homens das aldeias rurais de Tavush Marz. A Figura 4 apresenta o perfil educacional da amostra inquirida, mostrando que os níveis educacionais urbano-rurais não são muito diversos. A diferença mais evidente reside na percentagem de pessoas com mestrado nas comunidades urbanas (11%) em comparação com as aldeias rurais (3%).

Em geral, o nível de escolaridade mais elevado que os cidadãos atingiram foi o mestrado e apenas 3% dos detentores de mestrado eram do sexo feminino. É de notar que a percentagem de pessoas com o ensino primário é mais elevada nas comunidades rurais (27%) do que nas comunidades urbanas (16%). Os resultados são idênticos no que respeita à formação profissional inicial. Na figura 4, é visível que, nas aldeias rurais de Tavush Marz, a percentagem de cidadãos que receberam educação profissional é de 26%, o que é muito mais elevado do que nas comunidades urbanas (19%). Tal como demonstrado na revisão da literatura, muitos autores defendem a opinião de que a educação desempenha um papel vital na atividade não agrícola. Em particular, defendem que quanto mais avançado for o nível de educação, maior é a participação em actividades não agrícolas. Além disso, muitos autores defendem que, nas zonas rurais, o nível de educação é baixo, razão pela qual os cidadãos das zonas rurais estão mais afastados do mercado de trabalho e o desemprego é elevado. Assim, o nível de educação é vital para o envolvimento dos cidadãos em actividades não agrícolas.

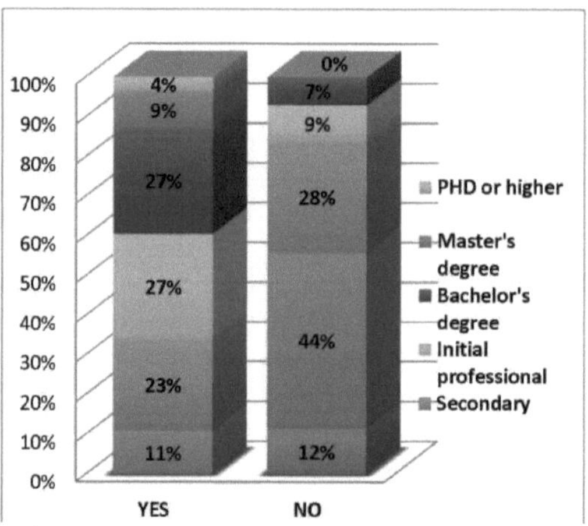

Figura 5- Nível de educação e envolvimento em actividades não agrícolas

A Figura 5 representa o envolvimento em actividades não agrícolas em relação ao nível de escolaridade dos cidadãos. É evidente que todos os inquiridos com grau de mestre ou superior estão envolvidos em actividades não agrícolas. A maioria dos inquiridos que possuem o grau de bacharel também se dedica a actividades não agrícolas e apenas uma pequena parte dos inquiridos se dedica apenas a actividades agrícolas. Os inquiridos que declararam não estar envolvidos em actividades não-agrícolas tinham apenas o ensino primário (445), seguido do ensino secundário (28%) e nenhuma educação (12%).

A Figura 6 mostra a percentagem global das respostas das comunidades rurais e urbanas que estão ou não envolvidas em actividades rurais não agrícolas.

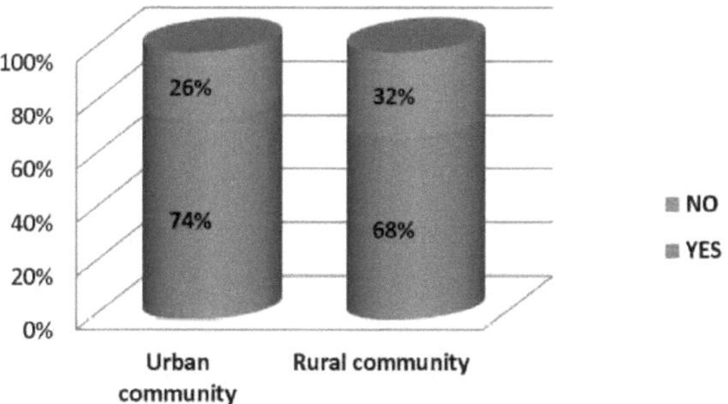

Figura 6. Participação em actividades não agrícolas em comunidades urbanas e rurais

A maioria dos inquiridos das comunidades urbanas (74%) está envolvida em actividades não agrícolas e apenas 26% não estão. Do mesmo modo, 68% dos habitantes das zonas rurais estão envolvidos em actividades não agrícolas e 32% não estão.

No entanto, os dados relativos às comunidades rurais são incoerentes. A maioria dos habitantes das aldeias rurais está envolvida em actividades não agrícolas, embora principalmente em trabalhos de migração sazonal. Isto sugere que, nas comunidades rurais, a oportunidade de participar em actividades não agrícolas baseadas na aldeia é reduzida.

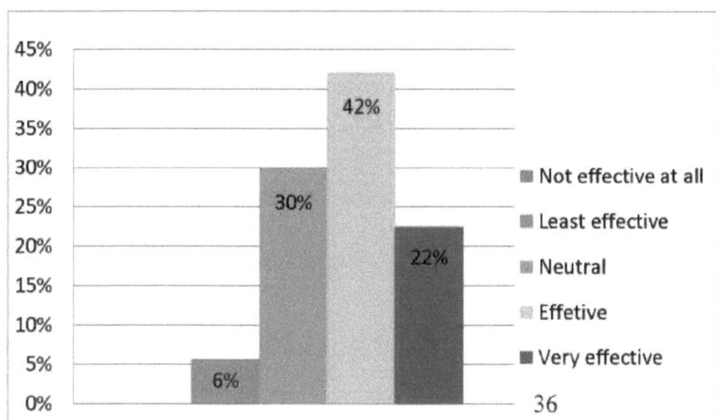

Figura 7. O efeito do rendimento das actividades não agrícolas na qualidade de vida das famílias

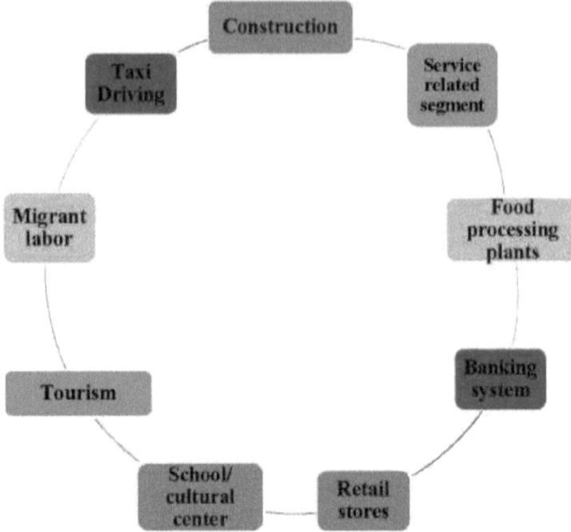

Figura 8. Actividades não agrícolas

A figura 7 mede a influência do rendimento das actividades não agrícolas na qualidade de vida global das famílias rurais e urbanas. De acordo com a figura, 42% dos inquiridos afirmam que o rendimento das actividades não agrícolas influencia positivamente a sua qualidade de vida. Destes, apenas 6% responderam que o efeito é muito pequeno. Estas respostas indicam que, particularmente em Tavush Marz, os residentes não poderiam ter qualidade de vida apenas com o rendimento da agricultura. Assim, o papel das actividades não agrícolas é significativo na qualidade de vida e no orçamento familiar.

A figura 8 mostra os tipos de actividades em que os cidadãos estão envolvidos nas comunidades rurais e urbanas de Tavush Marz.

Discussão

A partir da análise dos dados recolhidos, tornou-se claro que o envolvimento global em actividades não agrícolas era comparativamente mais elevado do que em actividades agrícolas: 72% dos inquiridos afirmaram estar envolvidos em actividades não agrícolas em Tavush Marz. Além disso, quanto maior é a dimensão da exploração agrícola e da terra arável, menor é o envolvimento em actividades não agrícolas. Entre os cidadãos que se dedicam a actividades não agrícolas, 54% são do sexo feminino e 46% do sexo masculino. Estes resultados mostram que o envolvimento em actividades não agrícolas é comum em Tavush.

As actividades rurais não agrícolas sugerem diferentes oportunidades de emprego para os residentes rurais e urbanos. Entre os cidadãos que se dedicam a actividades não agrícolas, cerca de 70% estão envolvidos apenas num tipo de atividade não agrícola, 26% em dois tipos e apenas 4% em três tipos. Comparando o envolvimento em actividades não agrícolas por sexo, os resultados mostram que os homens excedem as mulheres. Assim, de um total de 15 actividades não agrícolas, 2 eram exercidas por mulheres, 7 por homens e 6 por ambos. Estes resultados são os mesmos que os encontrados noutros estudos. Como Canagarajah e Newman (2001) e Ellis (1998) mostraram, certas actividades não agrícolas são mais adequadas para as mulheres do que para os homens, mas o RNFE é mais adequado para os homens.

Tal como na literatura analisada, este estudo mostrou uma forte relação entre o papel do governo e a utilização da vantagem comparativa das zonas rurais. Os dados recolhidos junto dos representantes regionais de Tavush mostram que o governo se concentra nas melhorias que são mais vantajosas para as ENFR nas regiões, tendo em conta as respectivas vantagens comparativas. Embora existam algumas políticas governamentais relacionadas com a isenção de impostos sobre o rendimento rural no *Marz*, os chefes das aldeias rurais e os residentes locais afirmaram que as políticas relacionadas com o desenvolvimento da economia não agrícola das comunidades rurais são muito lentas.

No que se refere à questão da melhoria da qualidade de vida e do aumento do orçamento familiar através de actividades não agrícolas, verificou-se mais uma vez que o ritmo dos progressos era lento nas pequenas aldeias rurais. De um modo geral, nas cidades rurais, um maior número de residentes dedicava-se a actividades não agrícolas, principalmente relacionadas com a indústria de serviços, o que melhorou a sua qualidade de vida e continua a ser desenvolvido. Em contrapartida, nas comunidades rurais, é difícil viver apenas de actividades não agrícolas; assim, os residentes locais combinam actividades não agrícolas e agrícolas para viverem melhor e melhorarem as suas condições de vida. Em contraste com a literatura analisada, mesmo nas aldeias de Tavush *Marz* onde a agricultura está mais ou menos desenvolvida, as actividades não agrícolas ainda não estão tão desenvolvidas, o que dificulta o desenvolvimento da região.

O presente documento examinou igualmente a composição das principais actividades não agrícolas nas comunidades de Tavush Marz. A composição geral das actividades rurais não agrícolas parece ser de cerca de 15-20% na construção, 23-30% nos serviços, incluindo serviços governamentais, cerca de 20% na migração de mão de obra, principalmente para a Federação Russa, 9% na indústria transformadora, particularmente em fábricas de transformação de alimentos e madeira, 20-25% no comércio e 8% nos transportes.

No entanto, é determinada a avaliação geral do papel das actividades não agrícolas nas comunidades rurais e urbanas e a dependência dos residentes de Tavush do emprego não agrícola. No entanto, a ausência de dados sobre o rendimento do agregado familiar dificulta a determinação exacta da importância relativa dos rendimentos provenientes de actividades não agrícolas, embora 42% dos inquiridos tenham validado a importância dos rendimentos provenientes de actividades não agrícolas para o seu orçamento familiar, 34% tenham afirmado que têm uma importância neutra, 22% tenham indicado que são muito importantes e 6% tenham mencionado que não têm qualquer importância. As actividades não agrícolas parecem ter maior importância para os residentes que não possuem terra.

Os dados analisados e apresentados acima são suficientes para concluir que, em Tavush *marz*, mesmo incluindo os salários das actividades não agrícolas e o correspondente aumento do rendimento do agregado familiar, a qualidade de vida global depende de muitos factores, incluindo o grau de envolvimento em actividades não agrícolas e o número de membros do agregado familiar envolvidos em actividades não agrícolas, etc. Assim, estar envolvido em actividades não agrícolas não é suficiente para reduzir o nível de pobreza, especialmente para os agregados familiares mais vulneráveis.

Conclusão

O presente ensaio centrou-se na atividade rural não agrícola e no seu impacto nos meios de subsistência das famílias. O envolvimento em actividades não agrícolas é predominante nas comunidades rurais e urbanas de Tavush Marz. O envolvimento em actividades não agrícolas está relacionado com numerosos factores, como a idade, o sexo, a educação, a localização, a vantagem comparativa, etc. Por conseguinte, o governo deve orientar políticas destinadas a melhorar os factores que têm um impacto no aumento do envolvimento em actividades não agrícolas.

Para responder à primeira questão de investigação "*Existe um papel para as actividades rurais não agrícolas no Tavush Marz?*", o estudo utilizou os dados das entrevistas com os chefes das comunidades e os resultados dos grupos de discussão com as pessoas que se dedicam a actividades não agrícolas. De acordo com os resultados dos grupos de discussão, os habitantes das aldeias rurais não podem viver apenas da agricultura. E embora o desenvolvimento de actividades não agrícolas seja muito lento nas zonas rurais, é vital para aumentar o rendimento das famílias. Os chefes das comunidades também confirmaram que trabalhar apenas na agricultura não é suficiente e não pode proporcionar meios de subsistência suficientes para as famílias rurais.

A segunda questão de investigação *"Quais são as actividades rurais não agrícolas em Tavush Marz?"* é respondida através de entrevistas aprofundadas e de resultados de inquéritos. A partir dos resultados das entrevistas com representantes da Tavush Marzpetaran, o estudo identificou os tipos de actividades não agrícolas em Tavush: serviços, trabalho migrante, indústria transformadora e banca. Além disso, através do inquérito, a investigação revelou os principais e mais importantes sectores das actividades não agrícolas. Os principais e vitais são: oportunidades de emprego em escolas, bancos, centros culturais, lojas de retalho, farmácias, obras militares, turismo, diferentes serviços em hotéis e pensões, no segmento da construção, condução de táxis, etc.

Para responder à terceira questão de investigação *"Como é que as actividades não agrícolas influenciam o rendimento das famílias rurais?"*, a maioria dos inquiridos mencionou que o rendimento que obtêm das actividades não agrícolas é de importância crucial para o seu orçamento familiar. Nas aldeias rurais, para além do rendimento que as famílias obtêm com as actividades não agrícolas, também se dedicam a actividades relacionadas com a agricultura. Enquanto nas comunidades urbanas de Tavush Marz as famílias vivem apenas dos rendimentos que obtêm das actividades não agrícolas. A partir da análise do inquérito, 42% dos inquiridos afirmaram que o efeito do rendimento das actividades não agrícolas na qualidade de vida do agregado familiar é importante e apenas 6% mencionaram que não é importante.

Para responder à quarta questão de investigação "Quais são os factores desencadeantes/desafios do desenvolvimento rural não agrícola em Tavush Marz?", a investigação utilizou ferramentas qualitativas para revelar os principais desafios/desencadeantes do desenvolvimento de actividades não agrícolas. As entrevistas com os chefes das comunidades revelaram que um dos principais desafios é a falta de informação e a falta de educação. Os resultados dos grupos de discussão mostraram que o investimento do governo e as políticas especiais são os principais factores que atraem os investidores.

E para responder à quinta pergunta de investigação "A República adoptou políticas para ajudar a desenvolver a economia rural não agrícola?", os resultados das entrevistas com os líderes comunitários e os representantes da Tavush Marzpetaran indicam que a lei mais recente adoptada pelo governo (2015) é uma lei que torna o investimento mais eficiente e benéfico, especialmente nas regiões fronteiriças. A lei tem por objetivo incentivar os investimentos e atrair novos empresários com novas ideias para o desenvolvimento da zona, o que, por sua vez, criará um ambiente mais favorável para os habitantes locais e abrirá também novos locais de trabalho.

Tendo em conta as conclusões da análise anterior, existem provas suficientes para aceitar a hipótese de que "As actividades rurais não agrícolas têm um impacto positivo no bem-estar social das famílias em Tavush Marz".

BIBLIOGRAFIA

Armstat. 2014. "População da região de Tavush". Recuperado de: http://www.armstat.am/file/RegStat/marz/MARZ 11 .pdf
Atchoerena D. & Gasperini L. (eds.). 2003. Educação para o desenvolvimento rural: Towards new policy responses. Roma e Paris: FAO/UNESCO/IIEP.
Avila, M. & Gasperini, L. 2005. Os ODM e o desenvolvimento rural sustentável na África Subsariana: Desafios e implicações para a educação para a população rural (ERP). Documento preparado para o Seminário Ministerial FAO/IIEPUNESCO/ADEA sobre Educação para as Populações Rurais em África: Policy Lessons, Options and Priorities. Adis Abeba, Etiópia, 7-9 de setembro
Barrett, C.B.; Reardon, T. e Webb, P. 2001. "Nonfarm Income Diversification and Household Livelihood Strategies in Rural Africa: Concepts, Dynamics and Policy Implications". Food Policy 26:315-331
Becker, G. S. 1965. A Theory of the Allocation of Time. The Economic Journal, 75(299), pp. 493-517Christensen, G. & Lacroix, R. 1997. "Competitividade e emprego: A framework for rural development in Poland". Documento de discussão do Banco Mundial nº. 383. Washington, DC, Banco Mundial.
Bezemer D. e Reardon Davis. 2004. "The Development of the Rural Non-Farm Economy in Developing Countries and Transition Economies: Key Emerging and Conceptual Issues". Chatham, Reino Unido: Natural Resources Institute
Brown, R. B., H. R. Geertsen e R. S. Krannich: 1989, "Community satisfaction and social integration in a boomtown: a longitudinal analysis", Rural Sociology 54(4), pp. 568-586.
Carling, J. 2004. Policy options for increasing the benefits of remittances, documento apresentado no workshop B9: Remittances and Development: Beyond Increasing Incomes, na Nona Conferência Internacional Metropolis, Genebra, 27/09 - 01/10/2004.
Christiaensen, L., L. Demery, e J. Kuhl. 2010. "The (evolving) role of agriculture in poverty reduction: An empirical perspective". Documento de trabalho 2010/36, Universidade das Nações Unidas - Instituto Mundial de Investigação em Economia do Desenvolvimento, Helsínquia.
Davies, S. e M. Yeates: 1991, 'Exurbanites as a component of migration: A case study in Oxford County, Ontario", The Canadian Geographer 35(2), pp. 177186.
Davis Júnior. 2003. "A economia rural não agrícola, os meios de subsistência e a sua diversificação: Issues and options". Instituto de Recursos Naturais.
Davis, J. A.: 1981, "The parental families of Americans in birth cohorts 1890- 1955: A categorical, linear equation model estimated, from the NORC general social survey", Social Indicators Research 9, pp. 395-453.

Davis, J. e Gaburici, A. 1999. "The economic activity of private farms in Romania during transition. Europe-Asia Studies" 51(5): 843-869.

Davis, J. R. e Pearce D. 2000. "Rural Non-farm Economy in Central and Eastern Europe". Instituto de Recursos Naturais. Rural Non-Farm Economy Project, Social Sciences Department Central Avenue, Chatham Maritime, Kent ME4 4TB, Reino Unido

Dustmann, C. & Kirchkamp, O. 2002. The optimal migration duration and activity choice after re-migration, Journal of Development Economics, 67, pp. 351372.

CEPAL. 2000. América Latina (18 países). Magnitud de la pobreza y la indigencia. Quadro publicado nas estatísticas da CEPAL (ver www.eclac.org)

Ellis, F. 1998. Artigo de inquérito: Estratégias dos agregados familiares e meios de subsistência rurais

Diversificação. Jornal de Estudos de Desenvolvimento 35(3), pp. 481-49

Ellis, Frank e Freeman, H. Ade. 2004. "Rural Livelihoods and Poverty Reduction Strategies in Four African Countries" (Meios de subsistência rurais e estratégias de redução da pobreza em quatro países africanos). Journal of Development Studies 40(4):1-30.

Farid, K.S., Mozumdar, L., Kabir, M.S., Goswami, U.K. (2009), Nature and Extent of rural Women's Participation in Agricultural and Non-agricultural Activities, Agricultural Science digest , Vol. 25, No. 4.

Faridi, M. Z., Chaudhury, I.S., Malik, M.S. (2011), Why Women are SelfEmployed? Empirical Evidence from Pakistan, International Journal of Economics and Finance, Vol. 3, No. 1, pp. 198-207

Foster, Andrew D. e Mark R. Rosenzweig. 2010. Is There Surplus Labor in Rural India? Center Discussion Paper No. 991, Centro de Crescimento Económico, Universidade de Yale, New Haven, CT.

Galor, O. e Stark, O. 1990. Migrants' savings, the probability of return, migration and migrants' performance, International Economic Review, 31, pp.463-473.

Gordon, A. e Craig, C. 2001. Rural Non-farm Activities and Poverty Alleviation in Sub-Saharan Africa (Actividades Rurais Não Agrícolas e Alívio da Pobreza na África Subsariana). Série de Políticas 14. Chatham, Reino Unido: Natural Resources Institute

Greif, F. 1997. "Off-farm income sources and uses in transition economies". Viena, Instituto Federal de Economia Agrícola e Roma, FAO/REU.

Foster, Andrew D. e Mark R. Rosenzweig. 2010. Is There Surplus Labor in Rural India? Center Discussion Paper No. 991, Centro de Crescimento Económico, Yale

Universidade, New Haven, CT.

Galor, O. e Stark, O. 1990. Migrants' savings, the probability of return, migration and migrants' performance, International Economic Review, 31, pp.463-473.

Gordon, A. e Craig, C. 2001. Rural Non-farm Activities and Poverty Alleviation in Sub-Saharan Africa (Actividades Rurais Não Agrícolas e Alívio da Pobreza na África Subsariana). Série de Políticas 14. Chatham, Reino Unido: Natural Resources Institute
Greif, F. 1997. "Off-farm income sources and uses in transition economies". Viena, Instituto Federal de Economia Agrícola e Roma, FAO/REU.
Hafeez. A. e Ahmed 2002. Factors Determining The Labor Force Participation Decision of Educated Married Women in a District of Punjab, Working Paper Series # 74.
Haggblade, S., P.B.R. Hazell, e P.A. Dorosh. 2007. "Sectoral growth linkages between agriculture and the rural nonfarm economy" [Ligações de crescimento setorial entre a agricultura e a economia rural não agrícola]. In transforming the rural nonfarm economy: Opportunities and threats in the developing world". Eds. S. Haggblade, P.B.R. Hazell e
Haggblade, Steven, Hazell, Peter B.R. e Reardon, Thomas (Editores). 2007. "Transforming the Rural Nonfarm Economy" [Transformando a Economia Rural Não Agrícola]. Baltimore: Johns Hopkins University Press.
Haggblade, Steven, Peter B.R. Hazell e Thomas Reardon. 2010. "The Rural Nonfarm Economy: Prospects for Growth and Poverty Reduction".
Hill, M. A. 1983. Female labour Force Participation in Development and Developing Countries. Consideration of the Informal Setor, Review of Economics and Statistics, 65, pp. 459-468.
Hoque, M. e Itohara, Y. 2008. Participation and Decision Making Role of RuralWomen in Economic Activities: A Comparative Study for Members and Non-Members of the Micro-Credit Organizations in Bangladesh, Journal of Social Sciences 4 (3): pp. 229-236
Fundo Internacional para o Desenvolvimento Agrícola (FIDA). 2010. "Relatório sobre a Pobreza Rural". Roma, Itália.
Julio A. Berdegué, Thomas Reardon, Germán Escobar, Rubén Echeverría. 2000. "Políticas de promoção do emprego rural não agrícola na América Latina". Instituto de Desenvolvimento Ultramarino
Kapour, D. 2004. Remittances: the new development mantra? Documento de discussão G-24 n.º 29, Conferência das Nações Unidas sobre Comércio e Desenvolvimento. Nações Unidas, Genebra.
Kazi, S. e Raza, B. 1986. Household Headed by Women: Income Employment and Household Organization. The Pakistan Development Review, 27(4), pp. 781790.
Kongolo, M. e Bamgose, O.O. 2002. Participation of Women in Develpoment: A CaseStudy of Tsheseng, Thintwa, and Makhalaneng Villages, South Africa. Journal of International Women's Studies, Vol., 4, No., 1, pp. 78-92.
Lanjouw, J. e Lanjouw, P. 2001. "The Rural Non-Farm Setor: Issues and Evidence from Developing Countries". Agricultural Economics, 26:1-23.

Lanjouw, Peter. 1999. "Rural Nonagricultural Employment and Poverty in Ecuador". Economic Development and Cultural Change 48(1): 91-122.
Lewis, W. A. 1954. "Economic development with unlimited supplies of labour." Escola de Economia e Estudos Sociais de Manchester 22: 139-191.
Lindley, A. 2005. Influence of remittances and Diaspora donations on education [Influência das remessas e dos donativos da diáspora na educação]. Documento para a Conferência sobre Remessas da Somália, Washington D.C., 1-2 de dezembro de 2005, organizada pelo Banco Mundial e pelo Programa de Desenvolvimento das Nações Unidas.
Losch, B., S., Freguin Gresh, e E. White. 2010. "Structural dimensions of liberalization on agriculture and rural development: A cross-regional analysis on rural change". Relatório de síntese do Programa RuralStruc, Banco Mundial, Washington, D.C.
McCoy, M. e G. Filson: 1996, "Working off the farm: impacts on quality of life", Social Indicators Research 37, pp. 149-163
McMullan, J. P.: 1994, Expectation and Satisfaction of Exurbanites in a Rural
Living Environment, Tese de Mestrado não publicada, Escola de Arquitetura Paisagista, Universidade de Guelph.
Mehta G. 2002. "A economia não agrícola e o desenvolvimento rural". Instituto GIRI de Estudos de Desenvolvimento. Lucknow
Mincer, J. 1962. Labor force participation of married women: a study of labor supply, in Aspects of labor economics. National Bureau of Economic Research, PrincetonUniversity Press, pp. 63-97
Newman, C., Canagarajah, S., 2001, Non-Farm Employment, Poverty, and Gender Linkages: Evidence from Ghana and Uganda, Projeto de Trabalho, Banco Mundial, Washington D.C
Nong Zhu e Xubei Luo. 2005. "Impacts of non-farm income on inequality and poverty: the case of rural China" [Impactos do rendimento não agrícola na desigualdade e na pobreza: o caso da China rural].
Nwajiuba, C. 2005. International migration and livelihood in Southeastern Nigeria (Migração internacional e meios de subsistência no sudeste da Nigéria). Global Migrations Perspectives 50, Comunicação Global sobre Migração Internacional, Genebra.
Osili, U. 2007. Understanding migrants' remittances: evidence from the US-Nigeria migration survey. Em U. Osili (Ed.) Researching migration: Stories from the field, Nova Iorque: Conselho de Investigação em Ciências Sociais, pp. 3-14.
Parlamento. 2015. Lei sobre programas de desenvolvimento e investimento da comunidade urbana de Dilijan e áreas adjacentes em Tavush marz http: //www.parliament.am/drafts. php?sel=showdraft&DraftID=7618&Reading =0&lang=arm&enc=utf8
Pearce, D., e Davis, J. R.. 2000. The Role of the Non-Farm Rural Setor in the Reconstruction of the Balkans, a publicar numa edição especial de MOST- MOCT: Economic Policy in Transition Economies

Reardon, T. 1997. "Using Evidence of Household Income Diversification to Inform Study of the Rural Non-Farm Labor Market in Africa". World Development, 25(5), 735-747.
Reardon, T., Berdegue, J., Barret, C. e Stamoilis, K. 2006. "Household Income Diversification into Rural Nonfarm Activities", Capítulo 8 em Haggblade, S., Hazell, P. e Reardon, T. (Eds.). "Transforming the Rural Nonfarm Economy". Baltimore: Johns Hopkins University Press.
Reardon, T., Berdegué, J. A. e Escobar, G. 2000. Rural non-farm employment and incomes in Latin America: Overview and policy implications. Ponencia al Seminario Latinoamericano sobre Desarrollo del Empleo Rural No Agrícola, Santiago, Chile, setembro de 1999, BID-FAOCEPAL-RIMISP.
Reardon, T., Stamoulis, K., Cruz, M.E., Balisacan, A., Berdegue, J. & Banks, B. 1998. "Rural non- farm income in developing countries". In FAO: the state of food and agriculture, 1998. Roma (FAO Agriculture Series, No. 31.)
Savar, Dhaka, Bangladesh. Soumitra Pramanik, Uttam Deb e Cynthia Bantilan. 2014. "Rural non-farm economy in Bangladesh; nature, extent, trends and determinants". 8ª Conferência da Sociedade Asiática de Agricultura
Economistas (ASAE). Centro de Gestão do Desenvolvimento (BRAC-CDM)
Schoorl, J. et al. 2000. Push and pull factors of international migration: Relatório comparativo. Luxemburgo: Eurostat
Sofranko, A. J. e J. D. Williams: 1980, Rebirth of Rural America: Rural Migration in the Midwest (Centro Regional do Centro-Norte para o Desenvolvimento Rural, Universidade do Estado do Iowa).
Stark, O. e D. Bloom. "The New Economics of Labor Migration". American Economic Review, 5(1985):173-178.
Wiggins, S. e Hazell, P. 2011. "Access to rural non-farm employment and enterprise development." Documento de referência para o Relatório sobre a Pobreza Rural do FIDA de 2011.
Banco Mundial. 2007. "Relatório sobre o desenvolvimento mundial 2008: Agriculture for development". Washington, D.C.: Banco Mundial.

Apêndice

Apêndice I - Questionário do Inquérito

Secção 1: Informações gerais sobre os inquiridos

1. Sexo: □ Masculino □ Feminino
2. Por favor, escolha o seu grupo etário:
   - □ 18-24
   - □ 25-35
   - □ 36-45
   - □ 46-50
   - □ 51-64
   - □ 65+
3. Qual é a sua formação académica mais elevada?
   - Nenhum
   - □ Primário
   - □ Básico
   - □ Secundário
   - □ Profissional inicial
   - Profissionalizante
   - □ Mais alto
   - □ Pós-graduação
4. Algum dos membros da sua família trabalha fora do país? □ Sim □ Não
5. Ele envia dinheiro para casa? Sim □ Não
6. Em caso afirmativo, com que frequência é que ele lhe envia dinheiro?
   - □ Todos os meses
   - □ Duas vezes por mês
   - □ Uma vez por trimestre
   - □ Anual
   - □ Outros (especificar)

SECTION 2: Actividades rurais não agrícolas

7. A sua família teve algum emprego não agrícola no ano passado? □ Sim □ Não
8. Em caso afirmativo, indique os tipos de actividades não agrícolas em que a sua família/membro da família esteve envolvida nos últimos 12 meses.
   - Indústria não agrícola
   - □Escola
   - Centro Cultural
   - □ Turismo
   - Fábrica de processamento de alimentos
   - □ Construção
   - Loja de retalho
   - Migração temporária
   - Migração permanente

Motorista de táxi
□ Serviços
□ Outros

9. Qual é a frequência com que os membros da sua família participam nas actividades não agrícolas acima referidas?
Proprietário / sócio
Trabalhador ocasional
Empregado regular
□ Gcstor
□ Outro (especificar)

SECTION 3: O papel da atividade não agrícola na posição social do agregado familiar

10. Quantos membros do seu agregado familiar estiveram envolvidos em actividades não agrícolas no último ano?
□ Um
□ Dois
Três
Quatro
Mais de quatro

11. Quantos membros do seu agregado familiar têm uma ocupação temporária não agrícola?
□ Um
□ Dois
Três
Quatro
Mais de quatro

12. Quantos membros do seu agregado familiar têm uma ocupação não agrícola permanente?
□ Um
□ Dois
Três
Quatro
Mais de quatro

13. Tendo em conta a importância do rendimento proveniente das actividades não agrícolas do seu agregado familiar, por favor ordene-as da mais importante (5) para a menos importante (1)?
Indústria não agrícola
□Escola
Centro Cultural
□ Turismo
Fábrica de processamento de alimentos
□ Construção
Loja de retalho

Migração temporária
Migração permanente
Motorista de táxi
□ Serviços
□ Outros

SECÇÃO 4: Incentivo às actividades não agrícolas em Tavush marz

14. Numa escala de 1 a 5 (em que 5 indica um efeito muito forte e 1 indica o menor efeito), como classificaria o efeito do rendimento das actividades não agrícolas na qualidade de vida do seu agregado familiar? ❶ ❷ ❸ ❹ ❺
Observações adicionais:

15. Quais são as vantagens das actividades não agrícolas do ponto de vista do seu agregado familiar? Reveja cada uma das categorias abaixo e classifique-as tendo em conta que, em termos de 1, discorda totalmente, 2 - discorda, 3 - neutro, 4 - concorda, 5 - concorda totalmente

	1	2	3	4	5
Melhoria dos rendimentos					
Capacidade de viver					
Mais promissor					
Mais flexível					
Oferece novos trabalhos					
Sazonal					
Outros (Especificar)					
Outros (Especificar)					

APÊNDICE II - PERGUNTAS UTILIZADAS NAS ENTREVISTAS EM PROFUNDIDADE E FOCO

PERGUNTAS DE GRUPO

1. Pode descrever os principais tipos de actividades RNFE na sua região?
2. Diria que estas actividades aumentaram no último ano? Prevê que venham a

aumentar nos próximos cinco anos?

3. Existem impedimentos ou restrições para o crescimento da RNFE? Seria possível facilitar mais actividades de RNFE?
4. Na sua opinião, o que é mais valorizado como RNFE na sua região? Porquê? Existem especialistas e mão de obra excedentária que poderiam ser direcionados para esse fim?
5. Na sua opinião, o aumento do RNFE ajudaria os residentes da sua região a ficar? Por favor, explique melhor.

Printed by Books on Demand GmbH, Norderstedt / Germany